BEI GRIN MACHT SICH IHR WISSEN BEZAHLT

Bibliografische Information der Deutschen Nationalbibliothek:

Die Deutsche Bibliothek verzeichnet diese Publikation in der Deutschen National-bibliografie; detaillierte bibliografische Daten sind im Internet über http://dnb.d-nb.de/ abrufbar.

Impressum:

Copyright © 2009 GRIN Verlag, Open Publishing GmbH
Druck und Bindung: Books on Demand GmbH, Norderstedt Germany
ISBN: 9783640511952

Dieses Buch bei GRIN:

http://www.grin.com/de/e-book/141223/forschungswerkstatt-aufgabenanalyse-zum-bildungsgehalt-von-mathematik

Lisa Sipos

Forschungswerkstatt - Aufgabenanalyse zum Bildungs-gehalt von Mathematik

GRIN Verlag

GRIN - Your knowledge has value

Der GRIN Verlag publiziert seit 1998 wissenschaftliche Arbeiten von Studenten, Hochschullehrern und anderen Akademikern als eBook und gedrucktes Buch. Die Verlagswebsite www.grin.com ist die ideale Plattform zur Veröffentlichung von Hausarbeiten, Abschlussarbeiten, wissenschaftlichen Aufsätzen, Dissertationen und Fachbüchern.

Besuchen Sie uns im Internet:

http://www.grin.com/

http://www.facebook.com/grincom

http://www.twitter.com/grin_com

Johann Wolfgang Goethe – Universität
Frankfurt am Main

Fachbereich 04
- Erziehungswissenschaften -

SoSe 09

Forschungswerkstatt - Aufgabenanalysen zum Bildungsgehalt von Mathematik

Referatsausarbeitung:

Aufgabenanalyse der Aufgabe:

„Gegeben sei ein Quadrat der Seitenlänge a. Bestimmen Sie die Seitenlänge desjenigen Quadrats, dessen Flächeninhalt doppelt so groß ist wie der Inhalt des gegebenen Quadrats!"

vorgelegt am

23.07.2009

von

Lisa Sipos

EW-BA: 2.Semester

Inhaltsverzeichnis

Einleitung

Lehrer stellen Schülern im Unterricht Aufgaben, um ein gewisses Ziel zu erreichen. „Lehrerfragen und –aufgaben sollen Schüler dazu anregen, diejenigen Verhaltensweisen auszuführen und zu üben, die durch das Lernziel angestrebt werden und zwar an denjenigen Themen, Inhalten, Gegenständen, die das Lernziel vorschreibt"[1]. Aufgaben sind fester Bestandteil des Schulunterrichts und können als Hinführung zum Thema, zur Wissensvermittlung oder Wissensüberprüfung dienen.

Klafki fordert von Lehrern, die eine Aufgabe im Unterricht stellen, dass sie zur Unterrichtsvorbereitung eine didaktische Analyse dieser Aufgabe vornehmen. Er sollte Vorüberlegungen über den Lerngegenstand, Ziel, Denkvorgänge und konkreten Handlungen der Schüler und Lösung der Aufgabe anstellen. Klafki sieht die didaktische Analyse als den Kern der Unterrichtsvorbereitung: Der Lehrer muss die „bildenden Momente eines Inhalts herausarbeiten"[2].

Diese Ausarbeitung befasst sich mit der Aufgabenanalyse der folgenden Aufgabe:

> *Gegeben sei ein Quadrat der Seitenlänge a. Bestimmen Sie die Seitenlänge desjenigen Quadrats, dessen Flächeninhalt doppelt so groß ist wie der Inhalt des gegebenen Quadrats!*

Dazu werde ich zunächst die Lehreranforderungen an die Aufgabe und einer Musterlösung darlegen. Anschließend folgt eine Analyse hinsichtlich der formalen Gestaltung, notwendigen Wissensvoraussetzungen und dem Bildungsgehalt der Aufgabe. Anschließend folgt ein Lösungsbeispiel der Aufgabe durch einen Schüler, dessen Lösungsschritte im letzten Teil der Ausarbeitung betrachtet werden.

Lehreranforderungen an die Aufgabe

Lehrern, die diese Aufgabe im Unterricht stellen, wird es vor allem um das mathematische Verständnis und Vorwissen gehen, das die Schüler zur Lösung der Aufgabe benötigen.

---

[1] Grell/Grell (2007), S.233.
[2] Klafki, W. (1958), S.8.

Jeder Lehrer hat, wenn er eine Aufgabe im Unterricht stellt, eine bestimmte Antwort vor Augen, die er von den Schülern erwartet. Diese Antwort gilt als richtig. Ob der Lösungsweg dabei ebenfalls bewertet wird, kann von Aufgabe zu Aufgabe variieren.

Bei der zu analysierenden Aufgabe könnte die Musterlösung des Lehrers folgendermaßen aussehen:

Musterlösung

Die Formel zur Berechnung des Flächeninhaltes A eines Quadrats mit der Seitenlänge a ist: $A=a \cdot a=a^2$. Da der Flächeninhalt des zweiten Quadrats doppelt so groß sein soll, muss der Flächeninhalt des ersten Quadrats mit zwei multipliziert werden ($2 \cdot a^2$).

Um über den Flächeninhalt die Seitenlänge eines Quadrats zu berechnen, muss die Formel des Flächeninhalts ($A=a^2$) umgeschrieben werden, indem man auf beiden Seiten der Formel die Wurzel zieht ($\sqrt{A}=a$).

Zieht man nun die Wurzel aus dem Flächeninhalt des zweiten Quadrats ($\sqrt{2 \cdot a^2}$) erhält man die zu bestimmende Seitenlänge ($a\sqrt{2}$). Somit wurde die Seitenlänge bestimmt und die Aufgabe gelöst.

Soll der Schüler die Aufgabe nach diesem Muster lösen, benötigt er bestimmte Wissens- und Lernvoraussetzungen, die sich der Lehrer vor dem Stellen der Aufgabe bewusst machen sollte. Der Lehrer sollte eine didaktische Analyse durchführen, in welcher er die formale Gestaltung, den Bildungsgehalt und die nötigen Wissensvoraussetzungen der Aufgabe untersucht.

<u>Analyse</u>

Formale Gestaltung

Bei der Aufgabe handelt es sich um eine mathematische Textaufgabe, die in deutscher Sprache gestellt ist. Sie setzt sich aus zwei Sätzen zusammen, wobei der erste eine Behauptung ist und der zweite eine Aufforderung. In der Behauptung wird die Voraussetzung der Aufgabe genannt. Die Aufforderung, die durch ein Ausrufezeichen am Ende kenntlich gemacht wird, ist der Arbeitsauftrag an die Schüler.

Die Aufgabe ist frei vom Schüler zu bearbeiten. Der Lösungsweg wird nicht explizit verlangt. Die Antwort wird in Form einer Zahl erwartet.

Kognitive Voraussetzung

Die Aufgabe wird schriftlich gestellt. Daher sind Lesefähigkeit und Lesefertigkeit des Schülers notwendige Voraussetzung, um die Aufgabe zu lösen. Der Schüler benötigt die sprachliche und grammatikalische Kompetenz, den Text, in dem die Aufgabe formuliert ist, zu verstehen.

Da es sich um eine mathematische Aufgabe handelt, muss der Schüler die natürliche Sprache, in der die Aufgabe gestellt ist, im mathematischen Kontext sehen. Er muss beim Lesen der Aufgabe erkennen, dass diese aus mathematischen Begriffen und Formulierungen zusammengesetzt ist und von ihm eine mathematische Lösung der Aufgabe verlangt wird. Er muss die für die Mathematik charakteristische Spannung zwischen der natürlichen Sprache und den mathematischen Begriffen erkennen.[3]

Inhaltliche Gestaltung

Inhaltlich enthält die Aufgabe viele verschiedene Begriffe, deren Bedeutungen der Schüler kennen muss.

Im Folgenden werde ich eine Wort für Wort Analyse der Aufgabe durchführen, um die möglichen Mehrdeutigkeiten, Schwierigkeiten und notwendigen Wissensvoraussetzungen des Aufgabentextes zu verdeutlichen.

Wort für Wort-Analyse

„gegeben sei"

Bei der Konjunktivform „gegeben sei" handelt es sich um einen Konjunktiv I. Der Konjunktiv ist neben dem Imperativ und dem Indikativ ein Modus, den ein Verb annehmen kann. In der mathematischen Fachsprache wird die Form des Konjunktivs dazu verwendet, eine Möglichkeit einer Situation auszudrücken.

---

[3] Vgl. Neubrand, M. (2004), S.18.

In dieser Aufgabe zeigt der Ausdruck „gegeben sei", dass das Quadrat nicht real gegeben ist, sondern, dass der Schüler sich das Quadrat vorstellen muss. Er muss sich das Quadrat denken. Der Schüler kann also nicht an einem realen Gegenstand arbeiten, sondern nur an seiner Vorstellung dieses Gegenstandes. Diese Vorstellung eines gegebenen Quadrats ist Ausgangspunkt für die weitere Bearbeitung der Aufgabe.

Quadrat
Zudem ist eine nötige Wissensvoraussetzung der Begriff des Quadrats.

Schon im Kindergarten lernen Kinder, was Formen und Figuren, wie Dreiecke, Quadrate und Rechtecke sind. Dabei werden keine festen Definitionen gegeben, sondern Formen gezeigt und mit dem jeweiligen Namen benannt. Die Kinder lernen durch Anschauung die Namen der Figuren und Formen. Auch in der Grundschule wird der Begriff des Quadrats nicht weiter definiert. Die Kinder erkennen ein Quadrat durch sein visuelles Erscheinungsbild.[4] Intuitiv haben die Kinder eine Vorstellung der geometrischen Form Quadrat. Eine mathematische Definition folgt erst in höheren Klassen, indem „einem geometrischen Gebilde aufgrund einer besonderen Eigenschaft ein eigener Name gegeben"[5] wird.

Im Lexikon[6] findet man die beiden folgenden Bedeutungen für den Begriff des Quadrats:
„1) Geometrie: ebenes Viereck mit vier gleichen Seiten (a) und vier rechten Winkeln; Flächeninhalt $a \cdot a = a^2$.
2) Arithmetik: die zweite Potenz."

In der Aufgabe ist die Rede von einem Quadrat und seinem Flächeninhalt. Somit ist der Begriff des Quadrats als geometrische Figur gemeint: Das Quadrat ist ein Viereck, mit vier gleichlangen Seiten, von denen die gegenüberliegenden jeweils parallel sind und die aneinanderstoßenden Seiten senkrecht (rechtwinklig) zueinander stehen. Die Diagonalen des Quadrats sind gleichlang und senkrecht zueinander. Diese halbieren sich gegenseitig.[7]

---

[4] Vgl. Leppig, M. (2000), S. 74 und Lergenmüller, A./ Schmidt, G. (2005), S. 135.
[5] Müller, A. (1996), S. 7.
[6] Rencontre Lexikon.
[7] Vgl. Lergenmüller, A./ Schmidt, G. (2005), S. 135.

Um diese Definition zu verstehen, benötigt der Schüler zusätzliche Wissensvoraussetzungen: den Begriff der Seiten und Geraden, die Vorstellung von Länge und Größe, rechten Winkeln, Parallelität, Diagonalen, Zahlenbegriff und Mengen.

Eine Gerade wird als gerade Linie ohne Anfangs- und Endpunkt definiert. Eine Strecke ist eine Gerade die durch zwei Punkte begrenzt wird. Bei geometrischen Figuren spricht man statt von Strecken von Seiten. Hier muss dem Schüler die mathematische Bedeutung des Begriffs Seite, die sich vom alltäglichen Gebrauch unterscheidet, klar sein. Eine Seite eines Quadrats ist demnach eine Strecke, die von einem Eckpunkt zum nebenliegenden Eckpunkt führt. Ein Eckpunkt wird definiert als zwei aufeinander treffenden Geraden.

Eine Diagonale ist die Strecke, welche zwei sich gegenüberliegende Eckpunkte verbindet.

Die Vorstellung von Länge und Größe schließt die Operationen von Vergleichen und Messen ein. Messen ist eine Operation, in der die Länge einer Strecke mit einer festgelegten Maßeinheit verglichen wird.[8] Eine Strecke wird beim Messen in Abschnitte eingeteilt, die einer zuvor definierten Länge entsprechen. Um die gesamte Länge der Strecke zu erfassen, wird die Anzahl der Abschnitte gezählt. Durch Messen erhält man eine Zahl von Abschnitten, die dann als „Länge der Strecke" bezeichnet wird.

Parallel sind Geraden, die immer den gleichen Abstand voneinander haben.[9]

Ein Winkel wird von zwei Halbgeraden gebildet, die einen gemeinsamen Anfangspunkt haben. Er wird in einem Winkelmaß gemessen. Beträgt der Winkel 90 Grad spricht man von einem rechten Winkel oder von senkrecht aufeinander stehenden Geraden.

Um die Länge und den Winkel messen und die Seiten des Quadrats zählen zu können, braucht der Schüler die Voraussetzung des Zahlenverständnisses und von Maßeinheiten.

Seitenlänge
Ein Quadrat besteht nach der obigen Definition aus vier gleichlangen Seiten. Voraussetzungen um zu verstehen, was eine Seitenlänge ist, sind das begriffliche

---

[8] Vgl. Lergenmüller, A./ Schmidt, G. (2005), S. 84.
[9] Vgl. Ebd., S. 68.

Wortverständnis von Seite als begrenzte Gerade mit einer bestimmten Länge, die Vorstellung von „Länge" als eine Zahl allgemein und damit verbunden das Messen von Strecken (siehe oben). Beim Quadrat handelt es sich um gleichlange Seiten, d.h. allen vier Seiten wird die gleiche Maßzahl zugeordnet.

Variable a

Der Schüler muss wissen, dass eine Variable a eine bestimmte Größe hat, auch wenn diese nicht explizit genannt ist. Für a können verschiedene Zahlen eingesetzt werden. Voraussetzung ist also das Zahlenverständnis und die Vorstellung, dass Zahlen eine bestimmte Größe haben und die Möglichkeit, die Größe variabel zu denken, d.h. zu verstehen, dass a für verschiedene Zahlen steht. Eine Variable kann also als eine Größe definiert werden, die verschiedene Werte annehmen kann.

Flächeninhalt

Beim Begriff des Flächeninhalts sind zwei Lesarten möglich. Der intuitive Begriff vom Flächeninhalt als von Strecken eingegrenzte Fläche. Beim Quadrat wäre der Flächeninhalt demnach die zweidimensionale, ebene Fläche, die von den vier Seiten des Quadrats eingeschlossen wird.

Die mathematische Definition des Flächeninhalts unterscheidet sich von dieser intuitiven Lesart, da sie den Flächeninhalt nicht als eingegrenzte Fläche sondern als eine Maßzahl definiert, welche die Größe der eingeschlossenen Fläche anzeigt. Wichtig dabei ist die gewählte Maßeinheit, die in Längeneinheiten angegeben wird.[10] Der Schüler muss hier zwischen dem Begriff der Realität und dem Begriff der Mathematik übersetzen.[11]

Bei rechtwinkligen Figuren kann man den Flächeninhalt bestimmen, indem man die Gesamtfläche in gleich große Flächen, meist Einheitsquadrate[12], einteilt. Die Anzahl der Einheitsquadrate, die die gesamte Fläche ausfüllt, ist der Flächeninhalt.
Der Flächeninhalt, der als Zahl angegeben wird, kann je nach Figur größer und kleiner sein. Daher kann man beim Flächeninhalt von einer Größe sprechen.

---

[10]Vgl. Maroska, R./ Olpp, A./ Walgenbach, J./ Wellstein, H. (2004), S.168.
[11] Vgl. Neubrand, M. (2004), S.146.
[12] Quadrate mit der Seitenlänge 1 cm.

Für die geometrische Figur des Quadrats gibt es in der Mathematik eine Formel zur Berechnung des Flächeninhalts: Die Größe des Flächeninhaltes eines Quadrats ergibt sich aus dem Produkt der Maßzahlen der beiden Seitenlängen.[13] Flächeninhalt ist gleich Seitenlänge mal Seitenlänge, bzw. Seitenlänge im Quadrat. Die Formel zur Berechnung des Flächeninhalts lautet: $A = a^2$. Hier muss dem Schüler der Zusammenhang zwischen Flächeninhalt und seiner mathematischen Bezeichnung mit dem Großbuchstaben A bekannt sein, sowie die Zuordnung der Variabel a zur Seitenlänge des Quadrats, sowie die Rechenoperation des Quadrierens.

„Bestimmen Sie"

„Bestimmen Sie" leitet den zweiten Satz, die eigentliche Aufgabe ein. Die Imperativform verdeutlicht, dass eine Aufforderung an den Schüler gestellt wird. In diesem Fall wird er aufgefordert, etwas zu „bestimmen". Der Schüler muss begreifen, welche mathematischen Operationen hinter dem „bestimmen sie" stehen. Er muss sich bewusst darüber sein, dass das Verb „bestimmen" in der mathematischen Fachsprache, nicht die Bedeutung von „befehlen" hat, sondern für mehrere Operationen stehen kann, wie zum Beispiel definieren, festlegen, angeben, ausrechnen, ausmessen oder darlegen. Bei dieser Aufgabe muss er eine Seitenlänge eines Quadrats berechnen, das doppelt so groß ist, als ein Quadrat mit der Seitenlänge a.

Anderes Quadrat

Dadurch, dass der Schüler eine Seitenlänge eines anderen Quadrats bestimmen muss, das sich durch den Flächeninhalt vom gegebenen Quadrat unterscheidet, muss ihm klar sein, dass sich ein Quadrat über den Flächeninhalt bestimmen und variieren lässt, d.h. es gibt Quadrate verschiedener Größen und er hat jetzt die Aufgabe ein Quadrat mit einer anderen Größe zu finden und dessen Seitenlänge zu bestimmen.

„doppelt so groß"

Mit der Aufforderung ein Quadrat zu bestimmen, dass doppelt so groß ist, wird vorausgesetzt, dass der Schüler die mathematische Bedeutung von „doppelt" kennt. Er muss wissen, dass dies bedeutet zweimal so groß. Ihm muss klar sein, dass man mit dem mathematisch definierten Flächeninhalten als Zahl rechnen kann, d.h. man kann sie addieren, subtrahieren,

---

[13] Vgl. Müller, A. (1996), S. 74.

multiplizieren und dividieren.[14] In dieser Aufgabe muss der Flächeninhalt verdoppelt werden, d.h. entweder zweimal zusammengezählt werden oder mit zwei multipliziert werden.

Bildungsgehalt der Aufgabe

Bei der Frage nach dem Bildungsgehalt geht es um die Frage, warum der Bildungsinhalt, der in der Schule meist durch den Lehrplan vorgegeben ist, als bildend erlebt wird. Um den Bildungsgehalt zu bestimmen schlägt Klafki fünf didaktische Grundfragen vor. Er verweist darauf, dass die Antworten darauf allerdings nur „aus der ganz konkreten geistigen Situation der jeweiligen Schulklasse gegeben werden können"[15].

Da diese Ausarbeitung die Aufgabe ohne Kontext analysiert, kann der Bildungsgehalt nur in Teilen erfasst werden.

Die erste Frage fragt, nach dem allgemeinen Sinn- und Sachzusammenhang des Gegenstandes.[16] Bei dieser Aufgabe könnte es allgemein um geometrisches Denken gehen. Die Schüler sollen lernen Flächeninhalte abstrakt zu denken und durch bestimmte Verfahren zu vervielfältigen.

Die zweite Frage befasst sich mit der Bedeutung, die der Inhalt der Aufgabe bereits im Leben der Kinder hat.[17] Im außerschulischen Leben der Schüler werden Flächeninhalte schon sehr früh eine Rolle gespielt haben. Wobei es sich wahrscheinlich nicht um den mathematischen Begriff des Flächeninhalts als Maßzahl, sondern vielmehr um den intuitiven Begriff gedreht hat. Schon sehr früh werden sie intuitiv die Größe von Flächen erfasst und diese untereinander verglichen haben.

Die dritte Frage fragt nach der Zukunftsbedeutung des Gegenstandes.[18] Für die Zukunft werden die Schüler sowohl in der Schule als auch im außerschulischen Leben mit geometrischem Denken zu tun haben. Sie werden mit Quadraten, Seitenlängen und Flächeninhalten hantieren können müssen.

---

[14] Vgl. Becherer, Joachim (2004), S. 117.
[15] Klafki, W. (1958), S.15.
[16] Vgl. Ebd., S.15.
[17] Vgl. Ebd., S.16.
[18] Vgl. Ebd., S.17.

Die vierte Frage setzt sich mit der pädagogischen Struktur und den notwendigen Voraussetzungen auseinander.[19] Wie oben bereits erarbeitet, benötigen die Schüler zur Lösung dieser Aufgabe sprachliche, grammatikalische und mathematische Kenntnisse.

Die fünfte Frage beschäftigt sich mit der Zugänglichkeit des Themas.[20] Hier muss der Lehrer überlegen, wie er den Schülern den Gegenstand interessant und anschaulich darstellen kann. Bei dieser Aufgabe würde sich der Menon-Dialog eignen. In diesem muss ein Sklave eine ähnliche Aufgabe lösen. Der Lehrer könnte die Schüler über das Lesen des Textes zum selbstständigen Lösen der Aufgabe motivieren.

Beispielhafte Lösung der Aufgabe durch einen Schüler

Die Aufgabe stellt den Schülern einen Arbeitsauftrag, den es zu erfüllen gilt. Je nach Wissensstand der Schüler, können diese die Aufgabe durch reine Reproduktion ihres bereits vorhandenen Wissens lösen, oder die Aufgabe stellt die Schüler vor ein unbekanntes Problem.

Handelt sich um ein bereits bekanntes Thema, und haben die Schüler ähnliche Aufgaben im Unterricht bereits gelöst, müssen sie ihr vorhandenes Wissen anwenden und können die Aufgabe mit großer Wahrscheinlichkeit nach dem Muster des Lehrers lösen. Die notwendigen Voraussetzungen, neben der sprachlichen und den begrifflichen Kompetenzen, wären Formel für den Flächeninhalt, die Rechenoperationen des Malnehmens, Quadrierens und Wurzelziehens. Bei dieser Reproduktion beherrschen die Schüler bereits das Lösungsverfahren und können durch Routineverfahren zur Lösung gelangen.

Haben die Schüler eine derartige Aufgabe noch nicht gelöst, werden sie anders an das zu lösende Problem herangehen.

Im Folgenden werde ich eine mögliche Denk- und Lösungsweise eines Schülers darstellen.

---

[19] Vgl. Ebd., S.17.
[20] Vgl. Ebd., S.17ff.

Der erste intuitive Schritt nach dem Lesen der Aufgabe ist vermutlich die Veranschaulichung der geometrischen Form des Quadrats mit der Seitenlänge a.

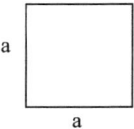

Anhand dieser Figur kann der Schüler weiterarbeiten. Womöglich wird er für die Variable a eine Zahl einsetzen, um nicht mit einer Variable rechnen zu müssen, sondern mit konkreten Zahlen. Beispielhaft könnte er für die Seitenlänge a die Zahl 2 mit der Maßeinheit cm einsetzen.

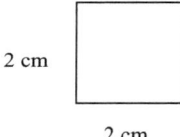

Der Flächeninhalt des gegebenen Quadrats kann mit der Formel für den Flächeninhalt ausgerechnet werden: $A = 2cm \cdot 2cm = 4cm^2$.

Der Schüler wird als nächstes den Flächeninhalt des doppelt so großen Quadrats bestimmen, indem er $4cm^2$ mit zwei multipliziert ($4cm^2 \cdot 2 = 8cm^2$).

Aufgrund der Tatsache, dass der Flächeninhalt verdoppelt werden muss, könnte der Schüler denken, dass auch die Seitenlänge verdoppelt werden muss. Diese wäre dann 4cm lang. Es würde sich das folgende Quadrat ergeben:

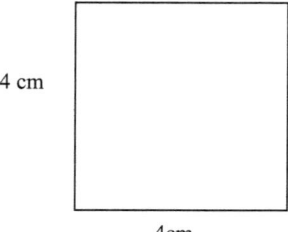

Berechnet der Schüler von diesem Quadrat den Flächeninhalt, erhält er den Flächeninhalt 16 cm^2. Dies wäre allerdings nicht doppelt, sondern viermal so groß als das Ausgangsquadrat.

Der Schüler könnte nun mit vier Ausgangsquadraten das viermal so große Quadrat auslegen.

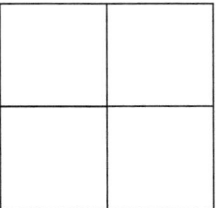

Da dieses Quadrat nun doppelt so groß ist wie das zu bestimmende Quadrat, wird der Schüler versuchen, dass entstandene Quadrat zu halbieren. Dies kann im gelingen, indem er die vier Ausgangsquadrate mit jeweils einer Diagonale halbiert. Die vier Dreiecke ergeben ein neues Quadrat.

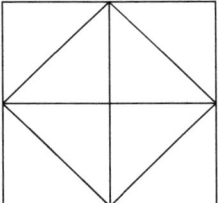

Nun hat der Schüler das Quadrat, dessen Seitenlänge er bestimmen soll, anschaulich vor sich. Da es sich bei der Seitenlänge um eine Zahl handelt, muss der Schüler nun die Länge einer der Diagonalen des Ausgangsquadrats berechnen.

Dies kann er mit dem Satz des Pythagoras machen. Er erhält dann die Seitenlänge $2\sqrt{2}$.

Nun hat der Schüler eine bestimmte Seitenlänge berechnet, dies ist jedoch nicht die vom Lehrer geforderte Antwort der Aufgabe.

Der Schüler hat die Aufgabe an einem Quadrat mit einer ganz bestimmten Seitenlänge (2cm) gelöst. Die Seitenlänge $2\sqrt{2}$ ist demnach nicht die zu bestimmende Seitenlänge. Sie ist nur in dem Fall die gesuchte Seitenlänge, wenn man von einem Quadrat mit 2cm Seitenlänge ausgeht. Die Aufgabe jedoch geht von einem Quadrat mit der Seitenlänge a aus. Das bedeutet, die Aufgabe wurde nicht erfolgreich zu Ende geführt.

Der Schüler muss, um die Aufgabe so zu lösen, wie es der Lehrer von ihm erwartet, die für die Variable a eingesetzte Zahl 2 wieder durch die Variable a ersetzen. Dann erhält der Schüler, wie der Lehrer die geforderte Seitenlänge $a\sqrt{2}$.

Betrachtung des Lösungsverhalten des Schülers

Die Aufgabe ist eine Textaufgabe. Textaufgaben laufen darauf hinaus, die gesuchte Größe aus einem nach dem Verstehen der Situation gewonnenen Ansatz heraus zu berechnen.[21] Der erste Schritt den der Schüler zu bewältigen hat, ist demnach das „Übersetzen einer Situation in einen mathematisch bearbeitbaren Ansatz"[22]. Dabei wird der Aufwand betrachtet, den der Schüler braucht, den sprachlich gegebenen Aufgabentext so weit verstanden zu haben, dass er eine Vorstellung von der Aufgabe hat.[23] Dieser erste Schritt zur Aufgabenlösung setzt eine sprachliche Kompetenz der Schüler voraus. Die „sprachlogische Komplexität" der Aufgabe „erfasst die Anforderungen beim Identifizieren und Verstehen von relevanten Informationen eines Aufgabentextes, bevor diese in eine mathematische Beschreibung und Bearbeitung überführt werden"[24]. Der Schüler muss sich bewusst werden, dass es sich um eine mathematische Aufgabe und mathematische Begriffe handelt. Außerdem muss er sich über die mathematischen Definitionen der Begriffe und Formulierungen im Aufgabentext im Klaren sein.

Dem Schritt des sprachlichen Verstehens folgen komplexe Denkvorgänge, die nach Vorliegen einer Vorstellung von der gestellten Aufgabe ablaufen.[25] Der erste beobachtbare Schritt des Schülers ist die Veranschaulichung des Quadrats. Indem er für die gestellte Aufgabe eine geeignete formale Darstellung findet, verringert sich der „gedankliche Aufwand beim Verstehen und Problemlösen"[26]. Der Schüler zeichnet das Quadrat auf und gibt der zunächst unbestimmten Seitenlänge a die Seitenlänge 2 cm.

Während den folgenden Schritten seines Lösungswegs verwendet der Schüler sein Vorwissen über geometrisches und algebraisches Vorgehen. Zunächst berechnet er mit der ihm bekannten Formel für den Flächeninhalt den Flächeninhalt für sein Beispielquadrat. Dieser wird anschließend verdoppelt, wodurch er den Flächeninhalt des gesuchten Quadrats erhält. Nun versucht er das Quadrat zeichnerisch zu verdoppeln, indem er die Seitenlängen des Ausgangsquadrats verdoppelt. Er stellt fest, dass dieses Quadrat jedoch doppelt so groß ist wie das gesuchte. Daraufhin teilt er das entstandene Quadrat. Zur Lösung gelangt er

---

[21] Vgl. Neubrand, M. (2004), S.14.
[22] Ebd., S.36.
[23] Ebd., S.111.
[24] Ebd., S.114.
[25] Vgl. Ebd., S.111.
[26] Ebd., S.112.

letztendlich durch Anwendung des Satz des Pythagoras und die Wiedereinsetzung der Variabel a.

Der Schüler hat mit seinem Lösungsweg die Aufgabe richtig gelöst. Dabei ist er nicht wie der Lehrer allein von der Formel des Flächeninhaltes und deren Umstellung ausgegangen, sondern hat das Quadrat veranschaulicht und die Aufgabe über den Satz des Pythagoras gelöst. Welchen Lösungsweg der Schüler letztendlich einschlägt, kann der Lehrer nicht vorhersehen. Er kann sich im Vorfeld nur darüber bewusst werden, welches Vorwissen, welche Fertigkeiten, welche Vorstellungen und welche Fähigkeiten notwendig sind, um die Aufgabe zu lösen. Bei dieser Aufgabe benötigt der Schüler sprachlogische und kognitive Kompetenzen, die Fähigkeit zur Formalisierung des Wissens und zur Anwendung bereits bekannter Formeln.

Literatur

- Becherer, Joachim: Einblicke Mathematik. 5.Schuljahr. Mathematisches Unterrichtswerk. 1. Auflage. Ernst Klett Verlag, Stuttgart. 2005.
- Becherer, Joachim: Einblicke Mathematik. 6.Schuljahr. Mathematisches Unterrichtswerk. 1. Auflage. Ernst Klett Verlag, Stuttgart. 2004.
- Grell, J./Grell, M.: Unterrichtsrezepte; Weinheim und Basel: Beltz, 2007.
- Klafki, Wolfgang: Didaktische Analyse als Kern der Unterrichtsvorbereitung. 1958. In Roth, Heinrich/ Blumenthal, Alfred (Hrsg.): Grundlegende Aufsätze aus der Zeitschrift Die Deutsch Schule. 8. Auflage. Herman Schroedel Verlag KG, Hannover 1946.
- Leppig, Manfred (Hrsg.): Mathematik Grundschule 4. Ausgabe N. Cornelsen Verlag, Berlin. 2000.
- Lergenmüller, Arno/ Schmidt, Günter (Hrsg.): Mathematik Neue Wege. Arbeitsbuch für Gymnasien. Baden-Württemberg. Band 1. Schroedel Verlag, Braunschweig. 2005.
- Maroska, Rainer/ Olpp, Achim/ Walgenbach, Jürgen/ Wellstein, Hartmut: Schnittpunkt. Mathematik für Realschulen. Baden-Württemberg. 1. Auflage. Ernst Klett Verlag, Stuttgart. 2004.
- Müller, Alfred: Geometrie 8.Klasse. Aufgaben mit Lösungen. Stark Verlagsgesellschaft. 1996.
- Neubrand, Michael (Hrsg.): Mathematische Kompetenzen von Schülerinnen und Schülern in Deutschland. Vertiefende Analyse im Rahmen von PISA 2000. 1. Auflage. Wiesbaden, 2004.
- Petersen, J./Sommer, H.: Die Lehrerfrage im Unterricht. Ein praxisorientiertes Studien- und Arbeitsbuch mit Lernsoftware; Dönauwörth: Auer, 1999.
- Rencontre Lexikon. Band 15. Q-SAB. Lausanne.